揭秘恐龙王国

U0739480

恐龙

KONGLONG ZHIZUI

之最

雨田 主编

辽宁美术出版社

前言 QIANYAN

　　一提起恐龙,你首先想到的是什么? 是雄霸地球的传奇,还是天下无敌的力量? 是那流传世间的神秘故事,还是博物馆里令人震惊的巨大骨架? 有人对恐龙充满恐惧,也有人对恐龙极度着迷,更多的人对恐龙非常好奇。

　　准备好了吗? 翻开这套《揭秘恐龙王国》丛书,在严谨的科普知识、调侃的语言和逼真的图片中,了解这个曾经令人神往的远古时代,一起走进充满趣味和知识的恐龙王国。

编　者

CONTENTS 目录

最早出现的恐龙

最原始的恐龙

　　始盗龙是世界上最早出现的恐龙，生存于三叠纪晚期。1993 年，始盗龙的化石发现于南美洲阿根廷西北部一处不毛之地——伊斯巨拉斯托盆地。始盗龙的身形较小，成年始盗龙的身长约一米，体重只有 10 千克左右。

善于捕食的前肢

　　始盗龙长有善于捕捉猎物的前肢，它们不仅能够捕捉小型爬行动物、早期的哺乳动物，还能够捕捉与自己身形差不多大的猎物。

小笨熊提问

作为最原始的恐龙，始盗龙有什么食性特点呢？

行走方式

　　始盗龙主要依靠后足行走，但是它们偶尔也会以四足着地的方式行走。始盗龙四肢的骨骼薄且中空，体态十分轻盈，能够快速抓捕猎物。

　　始盗龙的前肢上有五指，这是十分明显的原始恐龙特征，而后来出现的大多数肉食性恐龙前肢上指的数量逐渐减少。

始盗龙长有锯齿状的牙齿，小型动物可能是它们的最爱。但是，除了有肉食性恐龙的牙齿外，始盗龙还有植食性恐龙的牙齿，因此始盗龙可能是杂食的。

恐龙时代的来临

在三叠纪之前，地球上几乎没有恐龙出现。而始盗龙的出现，让我们看到了恐龙时代的曙光，开启了恐龙时代的大门。

最早被正式命名的恐龙

生存年代

斑龙,又名巨龙、巨齿龙,是种大型肉食性恐龙,生存于侏罗纪时期的欧洲。斑龙的头非常大,颈部粗壮而灵活,这是斑龙最明显的身体特征。另外,斑龙的长尾巴平举在空中,可以平衡巨大头部和颈部的重量。

小笨熊提问

作为一种身形较大的肉食性恐龙,斑龙是如何维持身体能量需要的呢?

食物

　　斑龙用于捕食的时间很多,它们会在森林中展开"地毯式"搜索,不放过任何它们能捕捉的猎物,其中,剑龙类是它们的主要捕食对象,有时斑龙也会捕食身形巨大的蜥脚类恐龙。

最早被正式命名

　　斑龙是第一种以科学方式被叙述和命名的恐龙,其命名时间为 1824 年。但是,古生物学家对这种恐龙的了解并不多,因为多数被发现的斑龙化石都不是完整的,古生物学家也只是根据零散的化石推测斑龙的外观和习性。

小笨熊解密

　　斑龙体长可达 9 米,必须有较大的进食量才能保证如此巨大身躯的能量消耗。在丛林中,饥饿的斑龙会吃掉任何它们可以吃的猎物,甚至是腐肉。

斑龙身体比较笨重，行动并不敏捷，但它们身体强壮，具有非常明显的捕猎优势，而且它们认准猎物后就不会轻易放弃。

最重的恐龙

世界上最重的恐龙

极龙,又名特级超龙,生存于侏罗纪晚期。极龙身形巨大,体长超过 30 米,体重达 130 吨,是世界上最重的恐龙。

小笨熊提问

极龙长长的脖子有什么作用吗?

成长过程

　　极龙是已知最重的恐龙，尽管它的个头很大，但它却是从长度仅为 20 厘米的蛋中孵化出来的。从小小的幼龙到成年的庞然大物，这真是一个令人难以置信的过程。

化石的发现

1979 年，在美国科罗拉多州，古生物学家发掘到了两块极龙的骨骼化石，一块是 1.5 米长的脊椎骨化石，另一块是 2.7 米宽的肩胛骨化石，这是有记录以来所发掘出的最大的一块肩胛骨。

生长速度

极龙一生都在不停地生长，它们每天都要吃掉大量的食物，这些食物除了供应极龙的能量需要外，还会使极龙每天增加3千克的体重。

小笨熊解密

极龙是一种植食性恐龙，长长的脖子使它有很大的身高优势，能够采食到高处的树叶，可以更加容易、灵活地获取食物，满足食物需求。

最 长的恐龙

公认的最长恐龙

地震龙是恐龙中超大恐龙的代表，1991年，古生物学家发现了第一具地震龙化石。地震龙长着长脖子、小脑袋，以及一条细长的尾巴，身长超过40米，是目前公认的最长的恐龙。

行走特点

地震龙以四足着地的方式行走，因为身体长而重，所以它们的行动速度非常缓慢。

地震龙的命名依据是什么？

生活习性

　　地震龙的头很小，嘴的前部长有扁平的牙齿，可以咬断树叶，但是地震龙的嘴中并没有可以咀嚼树叶的牙齿，所以地震龙只能将树叶整片咽下。另外，地震龙会在行走的过程中产蛋，但是它们并不照顾小恐龙。

自卫手段

在面对肉食性恐龙的时候，地震龙会挥动长尾巴驱赶猎食者，它们也能够用后肢支撑起沉重的身体，抬起前肢自卫。

小笨熊解密

地震龙的体重能达到三十吨左右，过重的体重使它们行动起来十分缓慢，走起路来轰轰作响，就像地震一样，这种恐龙因此得名地震龙。

最高的恐龙

恐龙中的高个子

波塞东龙是公认的世界上最高的恐龙，它们生存于白垩纪早期，是一种大型植食性恐龙。波塞东龙身长 30 多米，体重 50~60 吨，身高约 17 米，相当于现在的六层楼高，是恐龙中名副其实的高个子。

外部威胁

　　波塞东龙体形庞大,在当时很少有猎食动物敢于攻击它们。但是凶猛的高棘龙与群体猎食的恐爪龙可能以幼年波塞东龙个体为猎物。

小笨熊提问

波塞东龙身体很高大,它们的行走方式是怎样的呢?

波塞冬龙以四足着地的方式行走，其前肢明显长于后肢，颈部细长而躯干短粗，与现代长颈鹿的体形很像，但波塞冬龙四肢粗壮，可以平稳地行走。

特殊地位

在白垩纪时期的北美洲，蜥脚类恐龙已经出现数量衰退、体形缩小的迹象，波塞东龙凭借罕见的身高成为北美洲最晚出现的大型蜥脚类恐龙。

波塞东龙很可能像鸟类一样，拥有气囊系统，这个系统可减低波塞冬龙 20% 以上的体重，同时也可以加快波塞东龙的移动速度和反应速度。

骨骼特点

已经发现的波塞冬龙化石包括一根长约 1.4 米的脊椎骨，这是目前发现的最长的动物脊椎骨。另外，波塞冬龙的骨骼由蜂窝状骨细胞构成，骨细胞不仅细密而坚固，同时还在骨骼中留出了细小的孔洞，使得波塞东龙的颈部较轻，且较容易举起。

最小、最轻的恐龙

恐龙中的小家伙!

近鸟龙是一种小型有羽毛的恐龙,是目前已知的身形最小、体重最轻的恐龙。近鸟龙生存于中国西北部,体长20厘米左右,体重约110克。

近鸟龙是一种长羽毛的恐龙,那么它们能够依靠羽毛飞行吗?

你知道吗

近鸟龙的骨骼化石被发掘出来后,研究人员从化石中提取出了着色结构,在未来一段时间内,研究人员可以通过深入研究着色结构,结合近鸟龙的生活习性,还原出近鸟龙的真正颜色。

羽毛

古生物学家在近鸟龙骨骼化石

的周围发现了清晰的羽毛痕迹，这是人类首次发现带羽毛

的恐龙化石，也使得近鸟龙成为了已知的最早长有羽毛的

兽脚类恐龙。

近鸟龙的前肢长有密集的羽毛，而且这种羽毛结构与现代鸟类有些相似，近鸟龙可以依靠类似鸟类翅膀的前肢做短暂飞行或滑翔。

前 肢

近鸟龙的前肢长度约是后肢长度的80%。其前肢和后肢的比例接近始祖鸟等早期鸟类，这种长前肢是飞行中的必要身体特征。

较长的前肢

在地面上活动的长有羽毛的恐龙，其后肢的羽毛都会逐渐退化或消失，否则长羽毛就会妨碍行走，但近鸟龙后肢的羽毛并未明显退化，这从侧面证明了近鸟龙是一种活跃在空中的恐龙，而且说明了覆羽恐龙在进化的过程中可能经过了一个四翼阶段。

赫氏近鸟龙

　　赫氏近鸟龙是侏罗纪晚期在中国境内生存的一种四翼恐龙。这种恐龙整体呈现灰色，具有红棕色羽冠，面部有小斑点，翅膀和腿上有白色羽毛。

头骨最大的恐龙

巨大的头部

牛角龙是一种以四足着地方式行走的恐龙,体长8米左右,头部巨大是其最明显的身体特征。古生物学家曾经发现长达2.4米的牛角龙头骨化石,这使牛角龙成为头骨最大的陆地生物。

小笨熊提问

牛角龙巨大的头盾,有什么作用呢?

牛角龙的体形如同今天的大象，庞大而笨重，一头成年牛角龙的体重相当于五头成年犀牛的体重。

三个尖角

牛角龙的眼睛上方有两只大尖角，头端还有一只小角，这些"武器"使牛角龙即使与最强大的肉食性恐龙交手时，也丝毫不畏惧。

生活习性

　　牛角龙以蕨类、苏铁和针叶类植物为食,牛角龙能用锐利的喙状嘴咬断并直接吞下坚硬的树叶或针叶,然后依靠强大的消化系统消化这些食物。

当牛角龙低下头时，巨大的头盾就会成为抵御猎食者的"盾牌"。另外，在繁殖季节，牛角龙会晃动自己的头盾，达到吸引异性的目的。

牙齿最长的恐龙

巨大的牙齿

霸王龙在其生存的时代里是最凶猛的肉食性恐龙，霸王龙的嘴中长满锋利的牙齿，每颗牙齿的长度都超过20厘米，其他恐龙的牙齿很难达到这样的长度，所以霸王龙成为了牙齿最长的恐龙。

霸王龙作为一种凶猛庞大的恐龙有怎样的猎食方式呢？

致命的"香蕉"

霸王龙的牙齿粗壮而锋利，外形酷似香蕉，再加上霸王龙强大的咬合力，这样的牙齿有了十足的穿透力，很多古生物学家戏称霸王龙的牙齿为致命的"香蕉"。

牙齿特点

霸王龙的牙齿又大又强壮，边缘呈锯齿状，稍有些弯曲，这样的牙齿特点，无疑是长期以其他动物为食，撕扯和咀嚼大块肉的结果。

捕食特点

与很多小型肉食性恐龙不同，霸王龙并不是用前肢捉住或杀死猎物，而是直接用强大的上下颚咬住猎物的要害部位，从而杀死猎物，这与现代猫科动物的捕食方式很像，同时也是肉食性恐龙演化的标志之一，即头部变得更大，前肢变得更短小。

霸王龙的前肢很短，不能在行进中抓捕猎物，因此霸王龙经常采取伏击的方式猎食。霸王龙具有敏锐的视觉，能发现远处的猎物并埋伏好等待猎物的到来。

脖子最长的恐龙

惊人的长脖子

马门溪龙因其化石发现于我国重庆市马门溪而得名，它是地球上已知存在过的动物中脖子最长的。马门溪龙身长 22～26 米，脖子长度超过 10 米，几乎占了整个身长的一半。

天敌

马门溪龙是一种大型植食性恐龙，与其生活同一时代、同一地区的大型肉食性恐龙——永川龙，凭借凶猛残暴的性情成为了马门溪龙的天敌。

头部特征

马门溪龙的头部很小,似乎与身体不成比例,但这样的头部重量较轻,可以减轻脖子的负担。

僵直的长脖子

马门溪龙的脖子虽长,但并不灵活,很多人习惯性地认为马门溪龙能像长颈鹿一样直立起脖子,但实际上,马门溪龙的脖子只能微微抬起,因为马门溪龙脖子内部的骨骼僵硬,无法自由弯曲,而且颈部肌肉也无法将颈部完全抬起。

小笨熊提问

马门溪龙除了长有长脖子,还有一条长尾巴,它们的尾巴又有什么特点呢?

平衡身体

马门溪龙长有长长的尾巴，能够帮助平衡脖子的重量，使马门溪龙不会在行走中遇到"头重脚轻"的麻烦。另外，马门溪龙的背部肌肉发达，能够实现颈部和尾巴之间的平衡，并为颈部活动提供动力。

四足行走

马门溪龙主要以四足着地的方式行走，马门溪龙四肢长度相当，而且强壮有力，能够支撑身体的重量。

生存方式

在马门溪龙生存的地域内，生长着茂密的森林，到处生长着红木和红杉树，成群结队的马门溪龙在森林中边走边吃，它们用细密的牙齿啃食树叶，虽然脖子不能抬得太高，但它们还是能吃到很多恐龙够不到的树顶嫩叶。

进食特点

　　马门溪龙体形巨大，为了维持身体能量需要，它们需要花费大量的时间进食。长长的脖子在一定程度上增加了马门溪龙的摄食范围，马门溪龙不用移动身体，就能吃到几米以外的植物，而且它们只要微微转动身体，就可以继续采食另一片植物了。

与僵直的脖子相比，马门溪龙的尾巴十分灵活，马门溪龙可以挥动尾巴抵御猎食者，而且，在繁殖季节，雄性马门溪龙会在争夺配偶的时候用尾巴互相抽打。

猜测

有古生物学家猜测，马门溪龙一生大部分时间待在水中，利用水的浮力减轻四肢的压力，同时还可以躲避敌害的袭击。

爪 最长的恐龙

命名

在所有的恐龙中，镰刀龙的指爪是最长的,镰刀龙的化石首次发现于蒙古，并因为长有外形酷似镰刀的指爪而被命名为镰刀龙。

小笨熊提问

镰刀龙恐怖的爪子有什么作用呢？

命名

在所有的恐龙中,镰刀龙的指爪是最长的,镰刀龙的化石首次发现于蒙古,并因为长有外形酷似镰刀的指爪而被命名为镰刀龙。

镰刀龙的外形与生活在陆地上的鸟类相似,它们长有羽毛,但是因为体形臃肿,所以并不具备飞行能力,羽毛可能只是起到调节体温或炫耀的作用。

恐怖的爪子

镰刀龙的前肢上长有三个修长而锋利的指爪，指爪略微弯曲，从已经发掘出的化石来看，镰刀龙的指爪都是前肢骨骼的延伸物，不易受损或折断。成年镰刀龙指爪的平均长度可达 75 厘米，其中最长的是第二个指爪，曾有考古发掘人员在蒙古发现了长达 1 米的镰刀龙指爪。

食性特点

镰刀龙最初被认为是一种性情暴躁、行动敏捷的肉食性恐龙，但在综合分析了镰刀龙的牙齿特点和生活习性后，古生物学家认为镰刀龙是一种杂食性恐龙。

镰刀龙长长的爪子适合切割植物,能够轻而易举地抓取树上的枝叶。另外,镰刀龙的指爪还能够用来自卫或者争夺配偶。

行走方式

关于镰刀龙的行走方式,一些学者认为它们的前肢与后肢长度相近,所以行走方式与大猩猩类似。但更多的学者支持镰刀龙以后足行走的说法,因为它的前肢并不适合支持体重。

头冠最长的恐龙

小笨熊提问

副栉龙长长的头冠有什么作用?

最长的头冠

　　副栉龙以头盖骨上大型、修长的冠饰而闻名，古生物学家经过研究后发现，副栉龙头上的冠饰会随着年龄的增长而改变，成年副栉龙的冠饰能够达到 2 米长，是恐龙中头冠最长的。

森林中的"大力士"

古生物学家刚刚发现副栉龙化石的时候，因为这种恐龙的外形特征与栉龙很像，所以就将其命名为副栉龙。副栉龙生活在森林中，凭借沉重的身躯、宽阔的肩膀和发达的肌肉，能够轻松推开阻挡自己行进的树木，成为了森林中的"大力士"。

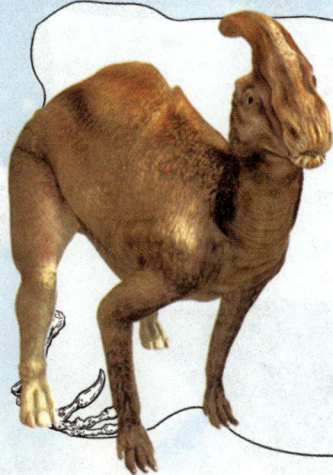

头冠构造

　　副栉龙头上的冠饰与上颚骨、鼻骨相连，从头部一直向后延伸出去。副栉龙冠饰的内部有中空的管。

　　副栉龙的冠饰是雌雄个体之间的标志性差异，同时也是雄性个体争夺配偶的展示物。另外，副栉龙还可以通过向冠饰中的空管内吹气发出声音，实现个体之间的沟通。

与栉龙的关系

　　最初，副栉龙被认为跟栉龙有亲缘关系，因为它们的冠饰外形相似。但是不久后，副栉龙重新被归类于赖氏龙亚科。

牙齿特点

　　副栉龙口中有很多牙齿，但是它们只使用其中的一少部分牙齿。当旧的牙齿磨损严重时，新的牙齿会不断生长出来，以替代旧的牙齿。进食的时候，副栉龙会先用喙状嘴将植物割断，再用两颊处少量的牙齿咀嚼植物。

角最长的恐龙

最长的角

在所有长角的恐龙中，三角龙的角是最长的。三角龙的角总长度接近两米，露出的骨质部分长度超过一米。三角龙的角坚固而锐利，一旦有猎食者袭击，三角龙就会挥动长角回击猎食者，给猎食者致命的攻击。

小笨熊提问

三角龙有着巨大的颈盾，颈盾有什么作用呢？

体态特征

　　三角龙是一种体形巨大的四足恐龙，体形与今天的犀牛相似。三角龙身长约 9 米，体重可达 10 吨。三角龙因为额头上有两只长角、鼻尖上有一只短角而得名。

起初古生物学家认为三角龙的颈盾是用来自卫的，但现在多数古生物学家认为三角龙的颈盾其实是吸引异性的工具。此外，三角龙的颈盾可能还具有调节体温的功能。

不畏强敌

三角龙与霸王龙生活在同一时代的同一陆地上，因此它们相遇的概率很高。霸王龙无疑是一种强大的肉食性恐龙，而三角龙也是当时最强大的植食性恐龙之一。三角龙的角是由实心的骨头长成的，因此它们的角具有很强的破坏力，即使是强大的霸王龙也不敢轻易捕食它们。

最聪明的恐龙

发达的大脑

伤齿龙的大脑体积与身体的比例在所有已知的恐龙中是最大的，而且伤齿龙的感觉器官十分发达，因此被认为是已知恐龙中最聪明的。

小笨熊提问

除了聪明的头脑和锐利的指爪，伤齿龙还有其他的捕食优势吗？

捕食方式

伤齿龙具有和猫科动物类似的猎杀习性，在捕食的时候，伤齿龙会用后肢上镰刀形的大爪子钩住猎物，从而一举捕获猎物。

繁殖习性

每当繁殖季节到来的时候，雌性伤齿龙会选择水边的沙地作为产卵的地点，它们会在松软的沙地上挖出一个坑，然后把卵产在坑中，再用沙土将卵埋起来，等待卵的孵化。

食性特征

伤齿龙主要以肉类为食，但因为体形较小、牙齿不发达，所以只能捕食小型动物。另外，伤齿龙的牙齿边缘呈锯齿状，这样的牙齿不适合撕咬猎物皮肉，而能够切碎植物的叶子，这表明伤齿龙偶尔也会吃植物。

伤齿龙的前肢较长，可以像鸟类翅膀一样向后折起，而且伤齿龙后肢的第二脚趾上长着锋利的、可缩回的镰刀状趾爪。伤齿龙如果群体捕食，杀伤力不容小觑。

伤齿龙的视觉系统很发达，而且它们的双眼具有前视的能力，即使是在夜间活动，它们也能准确锁定猎物的位置。

眼睛最大的恐龙

大眼睛恐龙

生存于白垩纪晚期的驰龙是目前已知的眼睛最大的恐龙。驰龙是一种行动敏捷的小型恐龙,身长 1.8 米左右,体重约 15 千克,虽然体形不大,但驰龙眼睛的直径可达 8 厘米,大小是人眼的 3.33 倍。

锋利的爪子

除了大大的眼睛,驰龙的另外一个身体特征就是其后肢的第二个脚趾上长有镰刀状的利爪,这是它们捕食的"利器"。

发达的大脑

驰龙的脑体积虽然不大，但驰龙大脑的脑褶皱沟壑比多数恐龙要多，因此驰龙要比一般恐龙聪明许多。总的看来，驰龙属于恐龙家族发展到后期的优势群体，它们的大脑已具有一定的复杂性。

小笨熊提问

驰龙的大眼睛在捕猎的过程中有什么作用？

生活习性

驰龙是一种群居恐龙，它们能在协同捕猎的过程中提高群体生存能力，但驰龙在单独捕猎的时候，会以小型动物为主要目标，即便在捕食体形较大的猎物时，它们也会选择那些衰老或未成年的个体。

驰龙的眼睛很大，视觉系统发达，它们能够凭借发达的立体视觉判断猎物的方位和距离，对于驰龙来说，这种身体优势大大提高了它们的捕食成功率。

咬合力

驰龙虽然体形较小，但它们的咬合力相对较大，它们在捕猎过程中会用颌部咬死猎物，而不是用锋利的指爪杀死猎物。

脑容量最小的恐龙

大恐龙的小脑袋

　　剑龙是脑容量最小的恐龙，其大脑只有核桃般大小。成年剑龙身长 7 米左右，如果将背上的骨板算在内，剑龙的身高可能超过 3.5 米，整个身体就像拱起的小山。剑龙的头部非常小，这与其庞大的身躯相比显得非常不协调。

剑龙的三角形骨板有什么作用呢?

行走姿态

剑龙以四足行走, 短前肢和长后肢决定了剑龙臀部位置高、头部位置低的行走姿态, 这也说明了它们的头部无法抬得太高, 所以剑龙以低矮植物为主要食物。

外形特点

剑龙是侏罗纪时期著名的恐龙之一,其最大的外形特点就是脊背上有两列排列整齐的三角形骨板,这成为了剑龙显著的辨认标志。剑龙的骨板一直从颈部延伸到尾部,但是在尾巴末端,骨板特化成了锋利的骨刺。由于剑龙前肢明显短于后肢,所以后肢的步幅会受到限制,剑龙也因此变得行动缓慢。

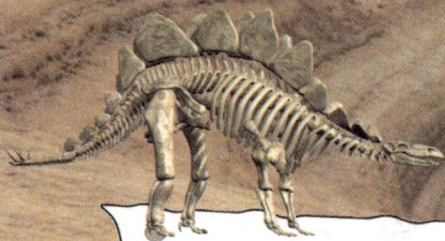

食物类型

实际上,在侏罗纪晚期的丛林中,蕨类、苏铁、松柏等植物低处的枝叶和苔藓都有可能成为剑龙的食物。

剑龙的骨板可以帮助调节体温。在体温下降时，剑龙会在炎热的地方尽量放平骨板，增加受热面积；当体温过高时，剑龙会在阴凉的地方利用骨板增加散热面积。

喙状嘴

　　剑龙长有喙状嘴,嘴中没有门齿,取而代之的是喙状结构,这种锋利的喙状结构可以切割植物,帮助剑龙进食。但这种特殊的嘴可能导致剑龙的进食效率偏低。

抵御猎食者

剑龙的骨板是它们最有力的防护"武器"，大型肉食性恐龙无法直接咬住剑龙的脖子或背部，小型肉食性恐龙也无法跳上剑龙的背部进行攻击，当有肉食性恐龙攻击剑龙身体两侧的时候，剑龙会挥动长有尖刺的尾巴扫击猎食者。

蛋 最大的恐龙

最大的恐龙蛋

目前公认的最大的恐龙蛋是高棘龙的蛋,高棘龙的蛋大约长 30 厘米,体积可达 3 300 立方厘米,蛋壳大约厚 2 厘米。高棘龙又叫高脊龙、多脊龙,化石发现于美国。

高棘龙背上的棘突有什么作用呢?

你知道吗

？

高棘龙的前爪虽然很厉害,但是也有缺点。高棘龙的前爪只能伸展到25°,如果继续伸展,前爪就会脱臼。如果在捕猎的过程中遇到这种情况,高棘龙会改用自己的牙齿攻击猎物。

棘突

高棘龙从颈部经过背部一直到尾部都有较长的棘突。这些棘突高20厘米～50厘米，能够支撑突起的冠状肌肉。

顶级掠食者

高棘龙生活在海边，是一种肉食性恐龙。高棘龙以后足行走，短小的前肢不具备行走的功能，主要用于猎食。在其所处的生态环境中，高棘龙算是一种大型的恐龙。高棘龙以大型蜥脚类和兽脚类恐龙为食，称得上顶级掠食者。

高棘龙背上高高的棘突是区别不同物种的标志性特征，而在食物资源匮乏的时期，高棘龙的脂肪也可能储存在棘突内，以保证身体正常的能量需要。

锋利的爪子

高棘龙的前肢很短,但是十分有力。高棘龙的前肢上长有三只利爪,这样锋利的爪子能够帮助其抓住猎物。

长长的尾巴

高棘龙的尾巴又长又重,能够帮助维持头部与身体的平衡,并将身体的中心保持在臀部的位置。高棘龙的尾巴虽然能平衡身体,但是高棘龙并不擅长快速奔跑。

牙齿最多的恐龙

数量惊人的牙齿

2007 年，古生物学家在美国南部发现了一个有着惊人数量牙齿的恐龙化石，这就是一具鸭嘴龙化石残骸，这个鸭嘴龙长有 800 多颗牙齿，成为迄今人类已知的牙齿最多的恐龙。

后足行走

鸭嘴龙的前肢短小,无法长时间承受身体重量,大部分古生物学家认为,鸭嘴龙是以后足行走的,它们行走时尾巴向后水平伸直,以保持身体平衡。

小笨熊提问

你知道鸭嘴龙的嘴有什么样的特点吗?

数量较多

鸭嘴龙是生存在白垩纪晚期的一种身形较大的恐龙，最大的鸭嘴龙体长可达 15 米。白垩纪是恐龙发展的顶峰时期,生活在这一时期的鸭嘴龙数量是很多的。

进 食

鸭嘴龙进食的时候，会降低身体高度，并暂时用前肢支撑身体,低头吃植物。鸭嘴龙的牙齿非常细密,适合研磨植物。

鸭嘴龙的嘴和鸭子的嘴很像，鸭嘴龙的吻部颌骨和前齿骨既向前延伸而又横向扩展，形成了宽阔的鸭嘴状吻端，鸭嘴龙也因为这样的身体特点而得名。

种类最多的恐龙

研究情况

鹦鹉龙类是已知种类最多的恐龙，根据古生物学家的统计，目前已经确定的鹦鹉龙类恐龙至少有十种，这在恐龙家族中是不多见的，大多数种类的恐龙在同一属下只有一种或两种。

小笨熊提问

你知道鹦鹉龙最明显的身体特征是什么吗？

生活习性

　　鹦鹉龙是一种群居恐龙,主要生活在亚洲地区。它们既可以用后足行走,也可以用四足行走。在群体中,它们都有各自的分工和角色,这样的群居生活提高了鹦鹉龙抵御肉食性恐龙的能力。

最全面的化石

在已经发掘出的鹦鹉龙化石中,有很多完整的个体,并且从幼体到成年体都有。已经发现的鹦鹉龙有超过 400 个个体,可谓是恐龙中化石最全面的,因此鹦鹉龙化石被称为白垩纪早期的标准化石。

鹦鹉龙的体形很小,身长一般只有一米左右。鹦鹉龙的头短而宽,颧骨向外突出,颈部短,牙齿呈三叶状。它们的前肢短小,后肢长而粗壮。

鹦鹉龙的嘴像鹦鹉喙一样尖而弯曲，而且边缘锋利，鹦鹉龙可以用这样的喙状嘴切割食物，而鹦鹉龙也因为这样的身体特点得名。

头骨最厚的恐龙

头骨肿厚

头骨最厚的恐龙要属肿头龙了，它们的头骨顶部厚度可达 25 厘米，而且明显隆起，这种恐龙因为这样的头骨结构而得名。厚而坚硬的头骨很有可能是肿头龙在争夺配偶或是抵御猎食者过程中的有力武器。

小笨熊提问

单从外形上看，肿头龙的头部有什么样的特征？

后足行走

　　肿头龙的前肢很短小，但是它们有着长而强壮的后肢，这样的形体特征证明肿头龙是一种以后足行走的恐龙。

生活习性

　　肿头龙集群生活,成年雄性个体通过头部撞击的"决斗"方式确定群体的领袖。肿头龙群体在觅食的过程中会有少数个体"放哨",一旦发现猎食者接近,"哨兵"会发出信号,肿头龙群体则会快速逃离。

小笨熊解密

　　肿头龙的头骨周围和鼻端长满了骨质突起,而且有些种类的肿头龙在头部后方还长有锐利的刺,这让肿头龙看起来"全副武装"。

小小的牙齿表明肿头龙主要以易于消化的植物、小果子以及植物种子为食，甚至一些昆虫也有可能是它们食谱中的"成员"。

大眼睛

肿头龙的眼窝很大，古生物学家推断，肿头龙的眼睛在头部所占的比例很大，而且它们的视觉系统发达，可能拥有立体视觉。

跑得最快的恐龙

快速奔跑

美颌龙被认为是跑得最快的恐龙。美颌龙的骨骼细而轻，它们行动敏捷，能够快速奔跑。美颌龙的后足与现今生活在陆地上的鸟类足部相似，它们的奔跑方式和奔跑能力很有可能与鸵鸟相似。

始祖鸟的近亲

　　美颌龙是始祖鸟的近亲，这两种动物在外形以及大小比例上十分接近，因此科学家们推测，美颌龙可能跟始祖鸟一样身披羽毛，但这一猜测目前还没有得到证实。

小荣熊提问

美颌龙是公认的跑得最快的恐龙，那么它的奔跑速度是多少呢？

视力良好

美颌龙又叫细颚龙、细颈龙、新腭龙，是一种体形较小的恐龙。美颌龙的头骨狭长，头骨上有很大的眼窝，这显示美颌龙的眼睛占头颅骨的比例很大，因此它们可能有良好的视力。

最新的研究表明，美颌龙比现今两足动物中跑得最快的鸵鸟速度还快，速度可以达到 64 千米／小时，跑完 100 米只需要 6 秒多一点的时间，比现今人类的 100 米短跑世界纪录还快。

后肢和尾巴

美颌龙有着细长的后肢和尾巴,细长的后肢有利于美颌龙的奔跑,而细长的尾巴则能够在美颌龙行走或奔跑时保持身体平衡。

顶级掠食恐龙

古生物学家们在发现美颌龙的地层中也发现了一些海洋生物的化石,他们推测,美颌龙生活在海岸附近。而在这些地层中没有发现美颌龙以外的其他恐龙,因此,美颌龙可能是这个地区的顶级掠食恐龙。

美颔龙的性情不像它们的名字一样美丽，它们是一种凶猛残暴的肉食性恐龙。美颔龙细小的牙齿使其不能捕捉大型动物，因此美颔龙主要以蜥蜴、小型哺乳动物和昆虫为食。

最喜欢吃鱼的恐龙

恐龙时代的大灰熊

古生物学家通过对恐龙族群食性的研究发现，重爪龙是最喜欢吃鱼的恐龙。重爪龙与其他肉食性恐龙不同，它们很喜欢吃鱼，并且很会捕鱼。它们捕鱼的时候就像是大灰熊，抓到鱼后，不会立即吃掉，而是用嘴叼着，带到丛林中去慢慢享用。

形态特征

　　重爪龙身长 7 米～9 米，体重超过 2 吨。多数恐龙的头骨和颈部连接处为直角,而重爪龙的头骨和颈部的连接处为锐角,当重爪龙抓住鱼类的时候,这样的身体特征能让重爪龙通过嘴和前肢的合作迅速控制住挣扎的鱼类。

小笨熊提问

　　除了吃鱼外,重爪龙还有其他食物来源吗?

体形特征

重爪龙的头部又扁又长，嘴里长满了细细的牙齿，头部和鳄鱼很像，它们的前肢很强壮，前肢上有三个十分有力的指。重爪龙前肢内侧第一指大而粗壮，而且长有超过30厘米长的钩爪。

重爪龙的大爪子可以杀死植食性恐龙，但是它们的牙齿是圆锥形的，撕扯猎物的皮肉对他们来说是很困难的，因此重爪龙除了吃鱼之外，只会吃死掉的恐龙。

颈部特征

霸王龙和异特龙等大型肉食性恐龙的颈部骨骼都是呈S形的，而重爪龙的颈部完全不同，它们的颈部骨骼直挺，这样的结构有助于它们快速捕鱼。

生活习性

　　古生物学家在发掘出重爪龙化石的时候发现,这种恐龙的颌部和牙齿与今天的鳄鱼很相似,这说明这种恐龙可能与鳄鱼有相同的习性,随后,古生物学家又在重爪龙的胃部发现了大量鱼鳞和鱼骨,进而证明它们以鱼类为食。

发现与命名

① 1983 年 1 月，业余化石挖掘爱好者威廉·沃克在英格兰东南部萨里郡的一处黏土坑中挖掘出了一个巨大的指爪化石。

② 这个巨大的指爪化石长度超过 30 厘米，当时在英国发现的任何一种生物都没有这么大的指爪。

③ 这个重大的发现轰动了古生物学界，并有众多古生物学家来到英国展开发掘工作和研究工作。

④ 1986 年，这个长有巨大指爪的恐龙被复原出来，并被命名为重爪龙。

最晚出现的恐龙

最后退出舞台

角龙类是最晚退出历史舞台的恐龙，它们出现得最晚，也是消失得最晚的恐龙，在恐龙灭绝的时候，角龙类恐龙因为诞生于正在变化的环境中，所以适应能力相对较强，因此生存了更长时间。

角龙之王

　　被称为角龙之王的是在恐龙时代末期登场的三角龙,三角龙的头部几乎占据了身长的三分之一,在遭到攻击时,三角龙会用角指向猎食者,甚至在面对像霸王龙这样强大的猎食者的时候也不会退缩。

小笨熊提问

角龙类恐龙性情温和,你知道它们是如何抵御猎食者的吗?

生活习性

角龙类恐龙是一种四足行走的植食性恐龙,它们的身体可以长到 9 米长。角龙类恐龙有一个很特别的习性,就是会成群生活,白天它们花掉大部分时间啃食植物,到了夜间,成群的角龙则会寻找相对安全的栖息地共同休息。

小笨熊解密

角龙类恐龙头上长有长而尖的角,这一特殊的身体器官就是它们抵御猎食者最有力的武器。角龙类恐龙在遭到攻击的时候,可能会一改温和的脾气,像公牛一样冲向敌人。

角的作用

　　角龙类恐龙因为头部长有明显的角而得名,这一特殊的身体结构不仅是抵御猎食者的武器,也是角龙类恐龙在争夺配偶或是领地时搏斗的武器,同时也是同种之间雌雄差异的明显标志。

身体长宽比例最小的恐龙

僵硬的蜥蜴

甲龙是一种非常著名的装甲恐龙，而且，这种恐龙也是公认的身体长宽比例最小的恐龙。甲龙身长 7 米～10米，身体宽 2 米。因为身体长宽比例较小，而身体表面又覆盖着装甲，所以甲龙身体僵硬，因此又被叫作"僵硬的蜥蜴"。

身体特征

部分种类甲龙的臀部和尾巴上长有竖立着的尖如匕首的棘刺，而身体两侧也各有一排尖刺。装甲的保护就足以令大多数肉食性恐龙头疼的了，而这些棘刺更是让很多肉食性恐龙不敢对甲龙"下口"。

甲龙也被叫作"坦克龙",人们为什么会这么称呼这种恐龙呢?

体形特征

　　甲龙是一种生活在白垩纪晚期的中等体型的恐龙，甲龙背部长有厚重的背板，尾巴像棍棒一样粗壮。甲龙身体的大多数骨骼都是紧紧连接在一起的，只在颈部和四肢部位骨骼之间才有明显的缝隙。

　　甲龙身披铠甲，防护能力很强，另外，甲龙身体笨重，只能靠四肢在地上缓缓爬行，这些特点都与坦克很相似，因此得名"坦克龙"。

装甲小坦克

甲龙的身上长着一层坚硬的厚甲,就像披盖着装甲的小坦克,当凶猛的肉食性恐龙扑向甲龙时,甲龙会伏在地面上,凭借背部厚重的装甲保护自己,凶猛的肉食性恐龙也奈何不了甲龙。

尾巴棒槌

甲龙的尾巴能够自由活动，而尾巴末端长有粗壮的尾锤，尾锤由厚重的甲板组成，使整个尾巴就像棒槌一样。这样的尾巴是甲龙的主动防御武器，在有肉食性恐龙袭击时，甲龙会挥动尾巴击打猎食者，从而赶走猎食者，甚至会给猎食者造成致命的打击。

最贵的恐龙化石

暴龙之王

目前世界上最贵的恐龙化石,是在 1990 年发现的暴龙化石"苏",这具化石被发现后,爆发了一场激烈的所有权争夺战。在长达十年的争夺中,"苏"变得越来越出名,至今,"苏"可谓当之无愧的暴龙之王。

发现意义

随着更多的暴龙化石被发现,"苏"早已不像当年那般炙手可热,但它依然是迄今为止最完整的暴龙化石。"苏"的发现,使得古生物学家完整而全面地了解了暴龙的身体特征。

古生物学家在"苏"的口中发现了六十多颗牙齿，而且每颗牙齿的形状都像香蕉一样，并且非常锋利，最长的一颗牙齿有 30 厘米长，这样的牙齿能够像钩子一样钩住猎物的肉，轻松地撕裂猎物的皮肉。

小笨熊提问

最贵的恐龙化石为什么会被命名为"苏"呢？

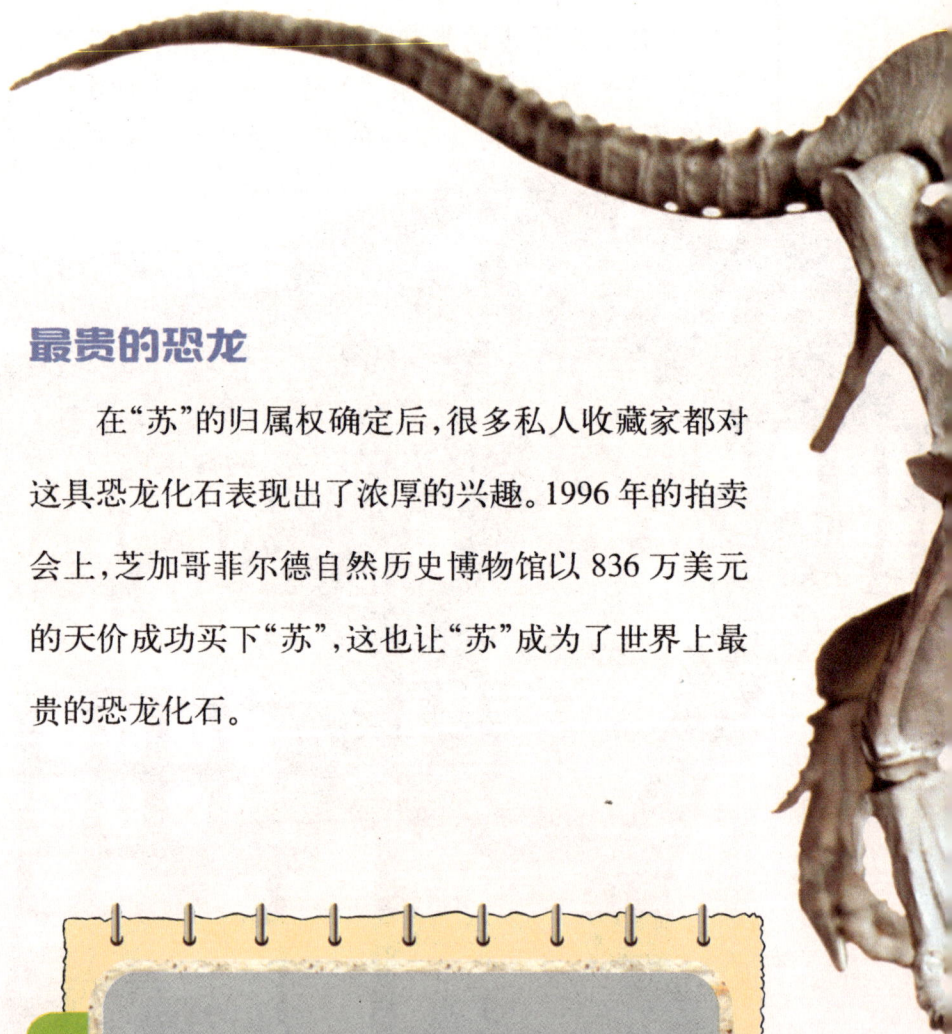

最贵的恐龙

在"苏"的归属权确定后,很多私人收藏家都对这具恐龙化石表现出了浓厚的兴趣。1996 年的拍卖会上,芝加哥菲尔德自然历史博物馆以 836 万美元的天价成功买下"苏",这也让"苏"成为了世界上最贵的恐龙化石。

小笨熊解密

最贵的恐龙化石是被一个叫苏珊的女孩首先发现的,因此,人们最后以苏珊的昵称"苏"来命名这具恐龙化石。

发现过程

① 1990年，一支科考队在南达科他州西部地区搜寻了整整一个夏天，但他们并没有令人欣喜的收获。

② 就在科考队失望而返的时候，他们的车子坏掉了，队员们开始修车。

③ 苏珊是科考队中的一名女队员，她无事可做，在散步的时候，她无意中看到了悬崖上若隐若现的恐龙骨骼化石。

④ 这微不足道的一眼，让苏珊有了震惊世界的发现，她所发现的暴龙化石"苏"的完整度超过了80%，十分少见。

最早发现恐龙化石的国家

玛丽安的石头

1822 年，英国人曼特尔的夫人玛丽安发现了一块镶嵌着牙齿化石的石头，并把它带回了家，后来这颗牙齿化石被证实是恐龙的牙齿化石，这也是发现最早的恐龙牙齿化石。所以发现恐龙最早的国家是英国。

曼特尔后来宣称是自己发现了恐龙的牙齿化石，因为这颗牙齿与鬣蜥的牙齿有相似之处，因此，曼特尔将长有这颗牙齿的恐龙命名为禽龙，禽龙在希腊文中意为鬣蜥。

小笨熊提问

最早发现的恐龙化石是一颗牙齿，这颗牙齿是什么样的呢？

发现最早的恐龙

　　玛丽安发现的这颗牙齿化石是最早的恐龙牙齿化石，这颗牙齿的"主人"就是一只禽龙，因此禽龙被认为是世界上最早被发现的恐龙。

中国恐龙化石的发现

　　早在西晋时期，我国就有人在四川省五成县发现了恐龙化石，但是，那个时候人们并不知道那是恐龙化石，而认为那是我国传说中的龙的骨头。

最早被发现的恐龙牙齿化石又粗又短，整个牙齿的外形类似于凿子，这样的牙齿更适于碾碎植物。

发现恐龙种类最多的国家

64 个"民族"

美国可谓恐龙族群的聚集地,目前,古生物学家在美国境内发现的恐龙共 64 属,这一数量居世界首位,美国也因此成为发现恐龙种类最多的国家。这些恐龙有些生活在同一时期,有些先后生活在不同的时期。

发现情况

在发现恐龙种类方面，美国以 64 属的总数量排在首位，其次是蒙古，共发现有 40 属恐龙，中国在恐龙化石的发掘和研究方面也有重要贡献，共发现恐龙 36 属，排在世界第三位。

小笨熊提问

人类是不是已经发现了曾经在地球上生存过的所有恐龙呢？

被深埋在地下的恐龙

全世界目前发现的恐龙共有 285 属，336 种，这并不是地球上曾经存在恐龙的实际数量，还有很多恐龙被深埋在了地下，一直没有被发现，更有一些恐龙在世界上存在过，死后却什么也没有留下。

研究现状

虽然世界各国发现的恐龙数量不尽相同，但对恐龙的研究已经成为一项世界课题，来自世界各地的古生物学家通过研究不同时期、不同地域的恐龙，向好奇的人们展现出了一幅远古生命的画卷，但恐龙的秘密还有很多，对恐龙的研究任重而道远。

　　古生物学家估计，曾经在地球上生存过的恐龙共有 900～1200 属，但人类只发现了其中的 1/3～1/4，了解恐龙族群对于古生物学家来说还是一个十分艰巨的任务。

勇敢的"妈妈"

恐龙世界中危机四伏。

一只鸭嘴龙出生了。

猎食者企图破坏她的家庭。

鸭嘴龙妈妈勇敢地保护自己的孩子。

鸭嘴龙家族齐心协力，赶走了猎食者。

图书在版编目（ＣＩＰ）数据

恐龙之最 / 雨田主编 . — 沈阳 : 辽宁美术出版社，
2018.8（2023.6重印）

（揭秘恐龙王国）

ISBN 978-7-5314-7994-9

Ⅰ .①恐… Ⅱ .①雨… Ⅲ .①恐龙－少儿读物 Ⅳ .
① Q915.864-49

中国版本图书馆 CIP 数据核字 (2018) 第 097541 号

出　版　社：辽宁美术出版社
地　　　址：沈阳市和平区民族北街 29 号　邮编：110001
发　行　者：辽宁美术出版社
印　刷　者：北京一鑫印务有限责任公司
开　　　本：650mm×950mm　1/16
印　　　张：8
字　　　数：53 千字
出版时间：2018 年 8 月第 1 版
印刷时间：2023 年 6 月第 3 次印刷
责任编辑：申虹霓
装帧设计：新华智品
责任校对：郝　刚
ISBN 978-7-5314-7994-9

定　　　价：39. 80 元

邮购部电话：024-83833008
E-mail：lnmscbs@163.com
http：//www.lnmscbs.com
图书如有印装质量问题请与出版部联系调换
出版部电话：024-23835227